tout en 1

# Système solaire

FLEURUS

# DES PREMIÈRES FUSÉES AUX NAVETTES

Trouver assez d'énergie pour propulser un engin dans l'espace : voilà le défi relevé par les scientifiques ! Au 6e siècle, les Chinois inventent la poudre à explosif. Au Moyen Âge, les "flèches de feu volantes", composées d'un réservoir à poudre, apparaissent. Ce sont les premières fusées.

Au début du 20e siècle, le Russe Tsiolkovski découvre le principe d'action-réaction : un objet est catapulté par le gaz qu'il éjecte dans la direction opposée à son déplacement. Plus vite le gaz est expulsé, plus loin l'objet se déplace. Pour décoller, une fusée doit ainsi éjecter des quantités énormes de gaz en brûlant son carburant. Bien plus tard, la poudre est remplacée par un carburant liquide, le propergol. Le moteur-fusée est né. Les étages s'allument tour à tour et se détachent une fois le combustible consommé.

Les Américains mettent au point des navettes, sortes de super avions comprenant 8 personnes. De puissants propulseurs font décoller la navette ; une fois dans l'espace, elle sert de station habitée. Les membres de l'équipage procèdent à des expérimentations, sortent pour réparer des satellites, ravitaillent la station orbitale... Puis la navette revient sur Terre, tel un planeur. La première navette a décollé en 1981. Aujourd'hui, le programme est arrêté.

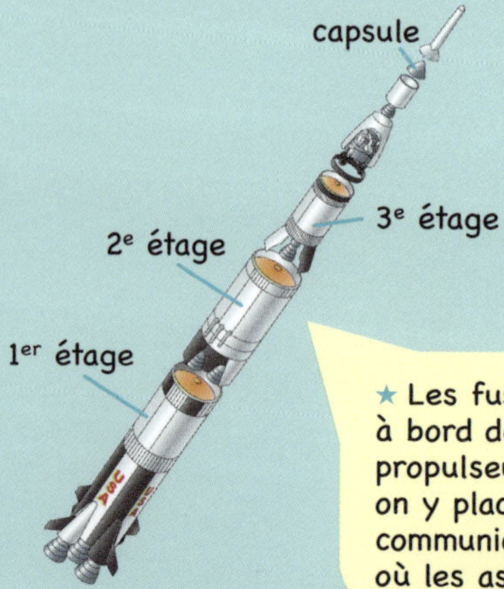


★ Les fusées ne sont pas des vaisseaux à bord desquels on monte, mais des propulseurs. À leur sommet, la coiffe : on y place des satellites météo, de télécommunications, mais aussi des capsules où les astronautes embarquent.

# jeux

## Mots croisés

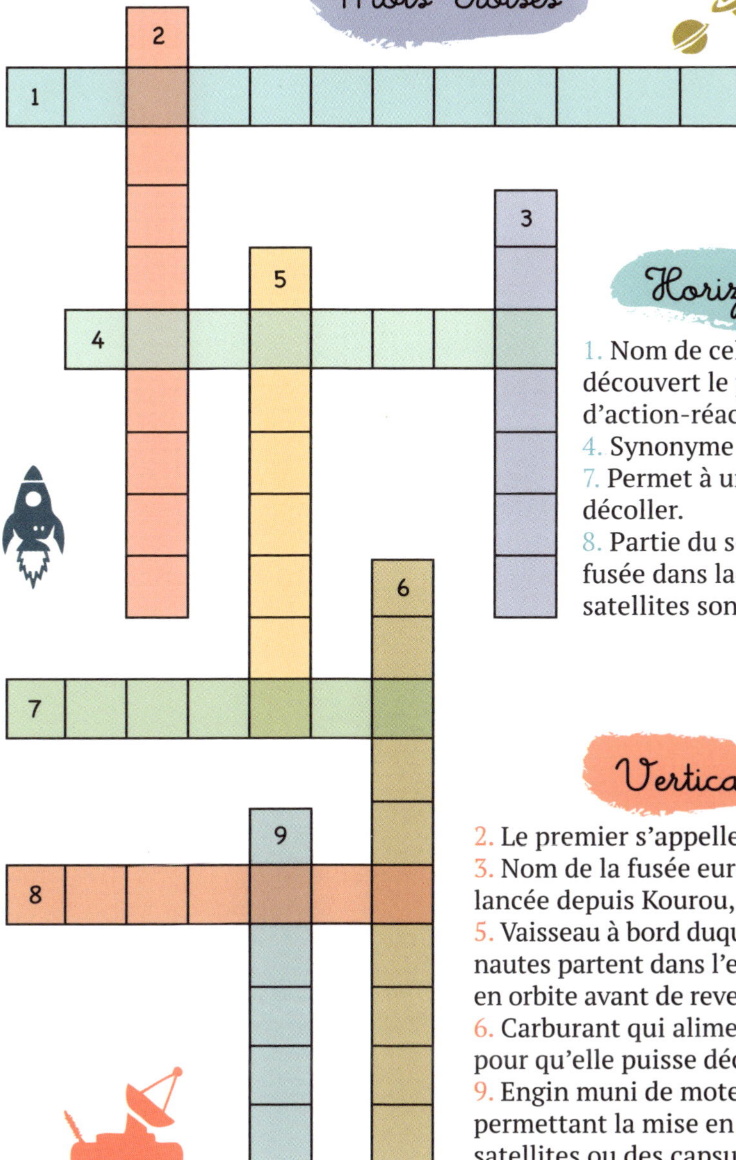


### Horizontal

1. Nom de celui qui a découvert le principe d'action-réaction.
4. Synonyme de "fusée".
7. Permet à une fusée de décoller.
8. Partie du sommet de la fusée dans laquelle les satellites sont embarqués.

### Vertical

2. Le premier s'appelle *Spoutnik*.
3. Nom de la fusée européenne, lancée depuis Kourou, en Guyane.
5. Vaisseau à bord duquel les astronautes partent dans l'espace, vivent en orbite avant de revenir sur Terre.
6. Carburant qui alimente la fusée pour qu'elle puisse décoller.
9. Engin muni de moteurs puissants permettant la mise en orbite des satellites ou des capsules habitées.

*Solutions p. 22*

# LES PREMIERS VOYAGES SPATIAUX

## LE PREMIER : *SPOUTNIK*

Tout commence le 4 octobre 1957 au cosmodrome de Baïkonour, au Kazakhstan. Ce soir-là, *Spoutnik 1*, un petit objet rond, deux fois plus gros qu'un ballon de foot, juste muni d'un émetteur d'ondes radio, est mis en orbite autour de la Terre. Il est le premier satellite artificiel de la Terre, la Lune étant son satellite naturel.

## UN SATELLITE HABITÉ

Le 3 novembre 1957, le satellite *Spoutnik 2* tourne autour de la Terre. Plus imposant que le précédent, il héberge la chienne Laïka qui devient ainsi le premier être vivant dans l'espace. Elle ne survivra pas au voyage. Le chimpanzé américain Ham se rend dans l'espace le 31 janvier 1961 et, plus chanceux, revient sain et sauf sur Terre.

## LE TOUR DU MONDE

Le 12 avril 1961, c'est un homme, Youri Gagarine, qui effectue un tour de la Terre en 1 heure et 48 minutes. Il voyage à bord du vaisseau *Vostok 1*, lancé par la fusée *Semiorka*. Pour la première fois, un homme se déplace dans l'espace. Depuis 1957, plus de 4 600 lancements ont eu lieu.

# jeux

## 1. Vrai ou Faux ?

| | vrai | faux |
|---|---|---|
| **A** *ASTÉRIX* EST LE NOM DU PREMIER SATELLITE FRANÇAIS ENVOYÉ DANS L'ESPACE EN 1965 ? | ☐ | ☐ |
| **B** LA PREMIÈRE FUSÉE À CARBURANT LIQUIDE, INVENTÉE PAR ROBERT GODDARD EN 1926, EST RESTÉE EN L'AIR 2 SECONDES ET DEMIE ? | ☐ | ☐ |
| **C** LE PREMIER « FRANÇAIS » DANS L'ESPACE EST UNE GRENOUILLE ? | ☐ | ☐ |

## 2. Pour savoir ce que signifie *Spoutnik* en russe, décode ce message.

A1 = C
E3 = U
B1 = O
C1 = M
D3 = O
D1 = P
D2 = D
H1 = O
G1 = N
I1 = N
F1 = G
G3 = E
E2 = E
F3 = T
E1 = A
C3 = R

| | A | B | C | D | E | F | G | H | I |
|---|---|---|---|---|---|---|---|---|---|
| 1 | | | | | | | | | |
| 2 | | | | | | | | | |
| 3 | | | | | | | | | |

Solutions p. 22

# ON A MARCHÉ SUR LA LUNE

En 1961, le président John F. Kennedy déclare qu'un Américain marchera sur la Lune avant le début de l'année 1970.

**PROMESSE TENUE !**

Le 16 juillet 1969, la fusée *Saturn 5* s'élève, embarquant dans la capsule *Apollo*, Aldrin, Armstrong, et le pilote Collins. Le 19 juillet, le vaisseau se met en orbite autour de la Lune. Le 20 juillet, le module *Eagle* se détache et descend vers la Lune. Trois heures plus tard, il se pose sur la mer de la Tranquillité, une gigantesque étendue de lave pétrifiée.

« Un petit pas pour un homme, un bond de géant pour l'Humanité ! » Tels sont les mots d'Armstrong, le 21 juillet 1969, lorsqu'il foule le sol lunaire. Rejoint par Aldrin, ils plantent un drapeau américain et récoltent des kilos de roches lunaires. Leurs pas s'impriment de façon permanente : pas de pluie ni de vent sur le satellite de la Terre pour effacer les empreintes. La mission dure plus de deux heures. Trois jours plus tard, les astronautes amerrissent au milieu de l'océan Pacifique.
Cinq autres missions suivent cette épopée entre 1969 et 1972. Depuis, personne n'est retourné sur la Lune.

# jeux

À toi de trouver la bonne réponse !

**1.** En 1969, la Terre comptait 3 milliards d'habitants. Combien regardaient la télé ce soir de juillet pour suivre les premiers pas de l'homme sur la Lune ?

- A 1 personne sur 1 000
- B 1 personne sur 100
- C 1 personne sur 5

**2.** Buzz Aldrin a réussi à faire redémarrer le module d'exploration lunaire tombé en panne avec :

- A un pistolet laser
- B un stylo bille
- C un coup de marteau

**3.** Qu'a perdu l'Américain Alan Shepard sur la Lune en 1970 ?

- A deux balles de golf
- B un stylo bille
- C un marteau

**4.** En 1970, quelle mission de la fusée *Apollo* a échappé de justesse à la catastrophe à 300 000 km de la Terre après l'explosion d'un réservoir à oxygène ?

- A Apollo 9
- B Apollo 11
- C Apollo 13

Solutions p. 22

# PROFESSION ASTRONAUTE

Devenir astronaute n'est pas facile : il faut répondre à des exigences physiques, morales et intellectuelles très élevées. En France, les candidats ont moins d'une chance sur mille d'obtenir leur ticket pour l'espace !

★ Claudie Haigneré est la première spationaute française à voler à bord d'*ISS* en 2001. Elle avait déjà effectué un séjour à bord de *Mir* en 1996.

Une fois recrutés, les astronautes partent dans l'un des deux centres d'entraînement, soit à Moscou (Russie), soit à Houston (États-Unis). Les candidats y vivent avec leur famille et s'exercent sans relâche toute la journée. Ils apprennent la mécanique et la science du vol spatial, la navigation, le pilotage, etc. Pour se préparer à supporter les effets de l'absence de pesanteur, ces sportifs aguerris effectuent des exercices dans des machines qui recréent ces conditions particulières : tables basculantes, centrifugeuses, tabouret tournant… Il faut être en forme !

Dans l'espace, chaque astronaute a un rôle bien défini. Il sait qu'il devra exécuter plusieurs manipulations précises. Il répète indéfiniment les gestes qui lui permettront de mener à bien ce qu'il aura à faire.

# jeux

**1.** Pour connaître les qualités qu'il faut pour être astronaute, déchiffre ce code :

| * | Δ | • | ∞ | ◇ | ∫ | + | Π | ‡ | # |
|---|---|---|---|---|---|---|---|---|---|
| A | B | C | D | E | F | G | I | J | L |

| ≈ | © | Ø | § | Ω | £ | Σ | √ | < |
|---|---|---|---|---|---|---|---|---|
| M | N | O | P | R | S | T | U | X |

A. £ § Ø Ω Σ Π ∫ : ______________________

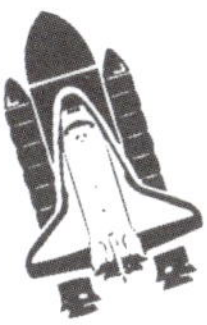

B. • Ø √ Ω * + ◇ √ < : ______________________

C. £ √ § ◇ Ω  Π © Σ ◇ # # Π + ◇ © Σ :

______________________

D. Δ Ω Π • Ø # ◇ √ Ω : ______________________

E. ‡ * ≈ * Π £  ≈ * # * ∞ ◇ : ______________________

F. § * Σ Π ◇ © Σ : ______________________

G. £ Ø • Π * Δ # ◇ : ______________________

## 2. Devinette

Quelle est la différence entre un astronaute, un cosmonaute, un spationaute et un taïkonaute ?

Solutions p. 22

# VIVRE DANS L'ESPACE

La Station spatiale internationale (*ISS*) tourne autour de la Terre à 400 km d'altitude. Des astronautes occupent en permanence cette véritable maison de l'espace.

Le plus grand vaisseau construit à ce jour (108 m de long pour 79 m de large) est constitué d'une quinzaine de modules : un d'habitation, des laboratoires, des lieux de stockage. Dans la station, il n'existe ni haut ni bas. Tout vole et flotte. Il faut donc trouver des astuces pour tout : boire avec une paille, manger des plats déshydratés sans faire de miettes, se laver avec des lingettes imprégnées d'eau et de savon, mâcher son dentifrice, attacher les objets avant qu'ils s'échappent ! Les astronautes se déplacent en s'accrochant aux parois de la station et courent 2 à 3 heures par jour sur un tapis roulant ! Ils dorment attachés dans un sac de couchage. Pour faire pipi, ils s'attachent à la cuvette et branchent l'aspirateur, car il n'y a pas d'eau dans la chasse mais de l'air. Puis l'urine est recyclée et transformée en eau potable ! Pour les plus "gros déchets", ils sont comprimés et expulsés dans des conteneurs vers l'atmosphère de la Terre où ils brûleront... Ce sont les joies de l'impesanteur !

# jeux

## 1. Pour connaître les effets de l'impesanteur sur le corps humain, barre tous les Z et X du texte !

L'IMPEZSAXNTEUR ZAX DXES CONSZÉQUENCZES IMXZ-PORZTXANTEZS SUXXR LE CORZPS ZHUMZAIN : LE SZAXNG N'EZXST PLUZS ATTIRZÉ VERZS LE ZBXAZS DU CORZPZS, MAIS REZMONTE DANZS LA TZZÊZZTE ; LEXS MUXSZCLEZS NE SZONT PLZUXS UXTXIXLISXÉXS XET DEXVIEXNNENZT DE PXLUZS ZEXN PLUS FZAIZBLES ; LES ZOZS XSE FRXA-GILIZSENT, XET LEX CORXPS S'ALZLZONGEX... TOZUTEZS ZCZEZS MZODIFICATIZONS PEZUZVENT PROZVOQUER CHEZ LES ASTRONAUTES, XAU MXOZINZS DZANS LZES PRXEMIXERS TEXMZPS DE LEUR SÉJOUR, LEX MZAXL DXE L'ZXEXSPAZCZE !

## 2. Vrai ou Faux ?

| | vrai | faux |
|---|---|---|
| **A** LE RUSSE VALERI POLIAKOV EST L'HOMME QUI A SÉJOURNÉ LE PLUS LONGTEMPS DANS L'ESPACE : 437 JOURS 17 HEURES ET 58 MINUTES À BORD DE LA STATION *MIR*, EN 1994-1995. | | |
| **B** LA STATION *ISS* FAIT 16 FOIS LE TOUR DE LA TERRE EN UNE JOURNÉE. LES ASTRONAUTES ASSISTENT DONC À 16 LEVERS ET 16 COUCHERS DE SOLEIL EN UNE JOURNÉE. | | |

*Solutions p. 22*

# LES SATELLITES

Ces objets lancés par les hommes suivent des orbites bien précises autour de la Terre. Selon l'objectif qu'on leur a assigné, certains, placés à 36 000 km d'altitude, sont fixes au-dessus d'un même point (les géostationnaires), d'autres survolent les pôles. Il y aurait actuellement près de 1 200 satellites au-dessus de nos têtes.

METEOSTAT

ENVISAT (TERRE)

ARTÉMIS (TÉLÉCOMMUNICATIONS)

Ils sont utilisés pour :

• l'observation de la Terre en recueillant des données sur les océans, la météorologie, ou l'environnement.

• la surveillance d'un pays pour des raisons militaires.

• les télécommunications qui sont les relais des ondes radios, télévisuelles et téléphoniques.

• la géolocalisation. Ils permettent de localiser toute personne munie d'un récepteur ; c'est ainsi que fonctionne le GPS (Global Positioning System).

• l'observation de l'Univers. Le télescope spatial *Hubble* a permis de photographier des corps célestes, et de faire des découvertes concernant les étoiles.

# jeux

Relie le nom du satellite à sa fonction. Attention, certains satellites servent à la même chose !

| | |
|---|---|
| GPS • | • OBSERVATION DE LA TERRE |
| ENVISAT • | • OBSERVATION DE L'ENVIRONNEMENT |
| METEOSAT • | • OBSERVATION DES OCÉANS |
| ARGOS • | • COLLECTE DE DONNÉES MÉTÉOROLOGIQUES |
| JASON • | • OBSERVATION DE L'UNIVERS |
| GALILEO • | • LOCALISATION SUR TERRE |
| HUBBLE • | |
| SPOT • | |

*Solutions p. 23*

# UNE EXPLORATION DU SYSTÈME SOLAIRE

Pour mieux comprendre le système solaire, des sondes partent explorer l'espace. Au départ, toutes décollent embarquées dans la coiffe d'une fusée, puis sont contrôlées depuis la Terre. Elles disposent de panneaux solaires, d'instruments de mesure et de caméras, et d'une grande antenne pour communiquer avec la Terre. Il en existe de différents types. Les unes survolent juste les planètes : les sondes *Voyager*, lancées en 1977, ont permis de mieux connaître les planètes géantes. D'autres sont des orbiteurs et deviennent les satellites des planètes, et récoltent des informations sur celles-ci. La sonde *Mars Global Surveyor* a survolé Mars entre 1997 et 2006.

D'autres encore atterrissent sur les planètes pour y faire des expériences. Le robot *Rocky* a été débarqué sur Mars, en 2003. Il existe aussi des sondes "kamikazes". Conçues pour se précipiter sur un corps céleste et le percuter violemment, elles recueillent alors des informations sur son sous-sol. *Lunar Prospector*, en 2004, a ainsi percuté la Lune.

# jeux

Pour savoir ce qu'ont fait Philae et Rosetta, complète le texte ci-dessous avec les mots suivants :

Philae

Comète

Atterrisseur

Sonde

Orbite

Noyau

Voyage

LA .............................. ROSETTA A ÉTÉ ENVOYÉE EN 2004 EN DIRECTION DE LA .............................. TCHOURIOMOV-GUERASSIMENKO (DU NOM DE SES DÉCOUVREURS). EN MARS 2014, APRÈS UN .............................. DE DIX ANNÉES, ELLE SE MET EN .............................. AUTOUR DU NOYAU DE LA COMÈTE. À LA FIN DE L'ANNÉE 2014, ELLE ENVOIE UN PETIT .............................. , NOMMÉ .............................., QUI S'EST POSÉ SUR LE .............................. DE LA COMÈTE ET A RECUEILLI, TROIS JOURS DURANT, DE NOMBREUSES INFORMATIONS SUR SA COMPOSITION.

Solutions p. 23

# L'ESPACE ENCOMBRÉ

**Après la conquête spatiale, la pollution spatiale ! Des milliers de débris (réservoirs de fusée, moteurs, boulons, bouts de satellites) tournent autour de notre planète à la vitesse de 30 000 km/h. Attention danger !**

Depuis 1957, l'homme a envoyé dans l'espace des centaines de satellites et de sondes. Mais ces engins ont une durée de vie limitée. Usés ou déréglés par l'environnement hostile de l'espace, ayant explosé en orbite ou achevé leur mission, ils doivent un jour retomber vers l'atmosphère terrestre où il est prévu qu'ils y brûlent. Malgré cela, il reste des quantités de débris orbitant autour de la Terre à plus ou moins grande altitude. On compte ainsi 13 000 objets de plus de 10 cm de longueur, 200 000 de 1 à 10 cm, et près de 35 millions entre 1 mm et 1 cm. Une collision entre un satellite et l'un d'eux peut provoquer des dégâts catastrophiques.

Lorsqu'un de ces débris se précipite vers la Terre, il est en partie détruit dans l'atmosphère. Mais ce qui reste poursuit sa route vers la Terre et tombe la plupart du temps dans les océans. En 2001, lorsque *MIR*, l'ancêtre d'*ISS*, fut "désorbitée" et dirigée vers la Terre, 30 tonnes sur les 140 que pesait la station, échouèrent dans l'océan Pacifique.

# jeux

1. Les débris, tournant autour de notre planète, finissent toujours par retomber dans l'atmosphère. Mais le temps de la descente dépend de l'altitude à laquelle ils se situent. Pour trouver à quelle hauteur ils sont, fais ces petits calculs.

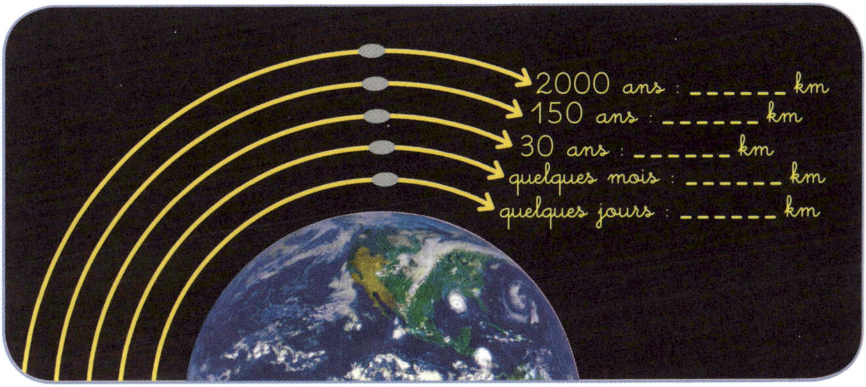


- 2 000 ANS = LES DÉBRIS SONT À 122 X 5 + 140 + 250 KM D'ALTITUDE
- 150 ANS = 80 X 3 - 180 + 740
- 30 ANS = 3 X 2 X 10 X 10
- QUELQUES MOIS = 10 + 20 + 30 + 40 + 50 + 60 + 70 + 80 + 40
- QUELQUES JOURS = 980 - 260 - 420 - 75 - 20 - 5

2. Ces débris sont surveillés sans cesse. Parmi ces affirmations, une n'est pas tout à fait exacte ! Laquelle ?

A DEPUIS LE SOL, À L'AIDE DE TÉLESCOPES ET DE RADARS

B DEPUIS L'ESPACE, GRÂCE À DES DÉTECTEURS EMBARQUÉS SUR LES SATELLITES ET LES SONDES.

C DEPUIS LA PLANÈTE MARS, PAR LES MARTIENS.

*Solutions p. 23*

# VIVRE SUR MARS

La prochaine étape de la conquête spatiale, c'est Mars ! Ce n'est pas pour demain, mais le déroulement de la mission est déjà étudié avec précision.

La durée du voyage sera comprise entre 6 et 8 mois. Durant ces longues journées, l'équipage, composé de 3 à 6 personnes, sera confiné dans un vaisseau. Une fois sur la planète rouge, les astronautes construiront avec leur vaisseau un module d'habitation dans lequel ils vivront sans sortir, ou tout au moins sans être munis de leur scaphandre. L'air difficilement respirable, les températures extrêmement basses, et les vents violents ne sont en effet pas des conditions très accueillantes ! Les nouveaux colons devront rester sur Mars entre 1 et 16 mois. Ils auront apporté, depuis la Terre, des quantités suffisantes d'eau, d'oxygène et de nourriture nécessaires à leur séjour. Au terme de leur mission, ils retourneront sur Terre, grâce au carburant qu'ils auront fabriqué avec le dioxyde de carbone présent dans l'atmosphère martienne.

# jeux

Il existe un projet ambitieux qui consiste à recréer sur Mars un environnement semblable à celui de la Terre. Pour cela, on réchaufferait le climat de Mars en faisant fondre la glace des pôles ! Si tu veux connaître le nom de ce projet, repère l'intrus dans chaque série de mots et inscris sa première lettre dans la case correspondante.

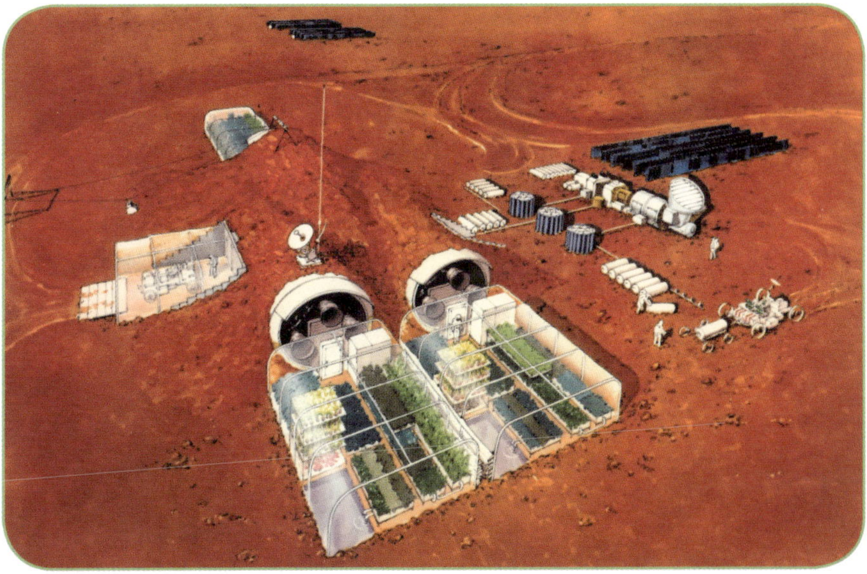

1. TERRE MER LAC
2. TENNIS EXOPLANÈTE BASKET
3. ROSETTA ALPHONSA MATTHIEU
4. CRAYON STYLO RAYON
5. PAUL ARMSTRONG ROBERT
6. ASTRONAUTE COSMONAUTE FUSÉE
7. SINUSITE ORBITE RHINITE
8. ROBOT FLEUR PLANTE
9. ÉTOILE MISSILE ASTRE
10. ARIANE LAÏKA HAM
11. STROMAE TSIOLKOVSKI RIHANA
12. SNCF TGV ISS
13. ORION PÉPIN NOYAU
14. NOIR NEPTUNE ROUGE

| 1 | 2 | 3 | 4 | 5 | 6 | 7 | 8 | 9 | 10 | 11 | 12 | 13 | 14 |
|---|---|---|---|---|---|---|---|---|---|---|---|---|---|
| | | | | | | | | | | | | | |

*Solutions p. 23*

# ET DEMAIN ?

Coloniser la Lune, s'installer sur Mars, sortir du système solaire... ...autant de défis auxquels sont confrontés actuellement les ingénieurs chargés d'imaginer les missions du futur.

L'installation des hommes sur une planète du système solaire autre que la Terre demande des constructions importantes : l'homme ne peut vivre à l'air libre que sur Terre, son organisme est adapté aux conditions de gravitation et d'atmosphère terrestres. Vivre ailleurs lui demandera donc de se confiner dans des structures qui recréeront artificiellement ces conditions.

Imaginer des missions plus longues, qu'elles soient ou non habitées, nécessite de disposer de lanceurs et de vaisseaux spatiaux plus puissants et plus autonomes. La seule solution est d'imaginer de nouveaux modes de propulsion des fusées car, actuellement, une énorme quantité de carburant, sous forme d'hydrogène liquide, est nécessaire pour faire décoller les fusées. Elles ne peuvent donc aller très loin. Pour augmenter leur autonomie, l'utilisation de l'énergie solaire serait une bonne solution : tant que la fusée se situe dans le système solaire, elle reçoit les rayons lumineux du Soleil. Mais après... ?

# jeux

Barre dans la grille les mots ci-dessous. Les lettres restantes te donneront le nom de deux astres sur lesquels on pourra peut-être un jour vivre.

VENUS

URANUS

SATURNE

IO

TERRE

NEPTUNE

JUPITER

| | | | | | | |
|---|---|---|---|---|---|---|
| S | E | U | R | O | P | E |
| A | J | T | G | N | | U |
| T | U | E | L | E | V | R |
| U | P | R | I | P | E | A |
| R | I | R | E | T | N | N |
| N | T | E | S | U | U | U |
| E | E | | E | N | S | S |
| | R | I | O | E | | |

Solutions p. 23

# Solutions des jeux

## P. 3

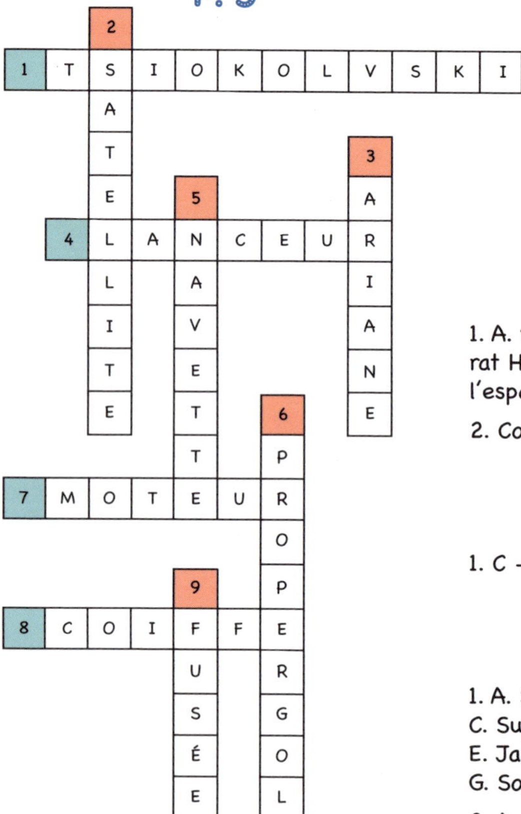


## P. 5

1. A. vrai – B. vrai – C. faux, c'est le rat Hector, le premier "Français" dans l'espace !

2. Compagnon de route

## P. 7

1. C – 2. B – 3. A – 4. C

## P. 9

1. A. Sportif – B. Courageux – C. Super intelligent – D. Bricoleur – E. Jamais malade – F. Patient – G. Sociable

2. Aucune : tous les 4 vont dans l'espace ! Le premier est américain, le deuxième russe, le troisième européen, et le dernier chinois.

## P. 11

1. L'impesanteur a des conséquences importantes sur le corps humain : le sang n'est plus attiré vers le bas du corps, mais remonte dans la tête ; les muscles ne sont plus utilisés et deviennent de plus en plus faibles ; les os se fragilisent, et le corps s'allonge... Toutes ces modifications peuvent provoquer chez les astronautes, au moins dans les premiers temps de leur séjour, le mal de l'espace !

2. A. vrai – B. vrai

## P. 13

## P. 15

sonde - comète - voyage - orbite - atterrisseur - Philæ - noyau

## P. 17

1. 2 000 ans = 1 000 km d'altitude
150 ans = 800 km d'altitude
30 ans = 600 km d'altitude
quelques mois = 400 km d'altitude
quelques jours = 200 km d'altitude

2. C.

## P. 19

TERRAFORMATION

## P. 21

| | | | | | | |
|---|---|---|---|---|---|---|
| S | E | U | R | O | P | E |
| A | J | T | G | N | | U |
| T | U | E | L | E | V | R |
| U | P | R | I | P | E | A |
| R | I | R | E | T | N | N |
| N | T | E | S | U | U | U |
| E | E | | E | N | S | S |
| | R | I | O | E | | |

Europe, satellite de Jupiter, possèderait une réserve d'eau liquide deux à trois fois plus importante que sur Terre. Gliese semble être comparable à notre planète. Le petit souci, c'est qu'elle se trouve à 200 000 000 000 000 km de chez nous !

## Crédits iconographiques

Couverture : NASA – page de titre : NASA – p. 2 hg : A. Bonnefoy – bg : Coredoc ; hd : NASA – p. 4 : NASA – p. 6 : NASA – p. 8-9 : ESA – p. 10 : NASA – p. 11 : ESA – p. 12 : ESA – p. 14 : ESA/NASA – p. 16 : NASA - p. 17 : C. Nebulault – p. 18-19 : NASA – p. 20 : NASA/Pat Rawlings (SAIC) – p. 21 : NASA/JPL-Caltech.

Textes : A. Willemez et M. Zehni
Direction éditoriale : Virginie Grandval
Édition : Françoise Ancey
Direction artistique : Armelle Riva
Conception graphique : Thérèse Jauze
Mise en page : Elfried Werner
Fabrication : Florence Bellot et Thierry Dubus

Dépôt légal : septembre 2015
ISBN : 978 2 215 155 577
Code MDS : 592023
N° édition : J15085
Imprimé en Chine par Toppan Leefung

Loi n° 49-956 du 16 juillet 1949 sur les publications destinées à la jeunesse.